GLACIER EXPRESS

St. Moritz - Zermatt

O ......Stationen des Glacier - Express

GLACIER-EXPRESS

Viafier retica
Viafier retica
GOURMINO

KLAUS FADER

GLACIER-EXPRESS

Vom Engadin zum Matterhorn

KOSMOS

Mit 138 Farbfotos von Klaus Fader
Bis auf wenige Ausnahmen entstanden die Bilder im Zeitraum zwischen September 1998 und Oktober 1999.
Die Karte auf den Vorsätzen wurde von Hans Faust gezeichnet

Umschlag gestaltet von Atelier Reichert, Stuttgart, unter Verwendung eines Fotos von Klaus Fader. Das Bild zeigt den Richtung Zermatt fahrenden Glacier-Express mit einer Lokomotive HGe-4/4-II zwischen Oberalppass und Nätschen. Im Hintergrund Schneehühnerstock und Schijenstock. Auf der Rückseite befährt der Glacier-Express den Val-Bugnei-Viadukt bei Sedrun.

Bild Seite 1: Ein begehrtes Souvenir bei Sammlern ist das Zuglaufschild des Glacier-Express. Kopien können in den Bahnhöfen St. Moritz und Zermatt käuflich erworben werden.

Zum Bild auf Seite 2: Der nur 1.-Klasse-Wagen führende Glacier-Express K mit Ziel Zermatt, überquert bei Reichenau-Tamins eine Stahlbrücke am Zusammenfluss von Vorder- und Hinterrhein.

Lektorat und Herstellung: Siegfried Fischer, Stuttgart

Deutsche Bibliothek – CIP-Einheitsaufnahme

Ein Titelsatz für diese Publikation ist bei
Der Deutschen Bibliothek erhältlich

ISBN 3-440-07799-3
Printed in Czech Republic/Imprimé en République tchèque
Satz: Typomedia Satztechnik, Ostfildern
Druck und Bindung: Gaspo c.z., Zlín

Inhalt

Für Bärbel,
meine verständnisvolle Begleiterin
bei zahlreichen Reisen
zu den Bahnen Europas.

Geschichtliches zum Glacier-Express

Die Geschichte des Glacier-Express beginnt mit dem Zusammenschluss von Rhätischer Bahn (RhB), Furka-Oberalp-Bahn (FO) und Visp-Zermatt-Bahn (VZ) zum großen Meterspur-Netz der Alpen. Nachdem 1926 die FO den Betrieb zwischen Brig und Disentis aufnahm, konnte im Sommer mit Kurswagen ohne umzusteigen von St. Moritz nach Brig und zurück gefahren werden. Die VZ wurde erst 1930 durch die 8,9 km lange Verbindungslinie Visp –Brig mit der FO verbunden. Nach der Schneeräumung an Furka- und Oberalppass verkehrten im Sommer 1930 die ersten Glacier-Express-Züge in den Verbindungen Zermatt – St. Moritz und St. Moritz – Zermatt. Die Reisezeit betrug fast 11 Stunden. Rhätische Bahn und Brig-Visp-Zermatt-Bahn beförderten bereits damals den Glacier-Express mit elektrischen „Krokodil"-Lokomotiven. Auf dem nicht elektrifizierten Streckenabschnitt der Furka-Oberalp-Bahn, zwischen Brig und Disentis, kamen Dampflokomotiven zum Einsatz. Noch heute sind einige dieser alten Lokomotiven betriebsfähig vorhanden. Die „Krokodile" Ge 6/6 I der RhB und Ge 4/4 I der BVZ führen Extrazüge wie z.B. den Classic-Pullman-Express. Drei der ehemaligen FO-Dampflokomotiven sind bei der Dampfbahn Furka-Bergstrecke eingesetzt und ziehen, auf der klassischen Glacier-Express-Route, im Sommer Züge über den Furkapass.

Auf der FO-Strecke konnte in den Jahren 1941/42 der elektrische Betrieb mit den neuen Elektroloks HGe 4/4 I aufgenommen werden, die über einen Zeitraum von fast 50 Jahren typische Zugloks des Glacier-Express waren. Von 1943 bis 1946 musste der Glacier-Express eingestellt werden, da als Folge des Zweiten Weltkrieges nur noch wenige Touristen den Weg in die Schweiz fanden. Ab 1947 konnte der Expresszug wieder auf seiner alten Strecke verkehren.

Neue und leistungsfähige Triebfahrzeuge ermöglichten in den folgenden Jahren bei RhB und BVZ höhere Geschwindigkeiten und verkürzten die Fahrzeit St. Moritz – Zermatt unter 10 Stunden.

Bis 1981 war die Führung des traditionsreichen Zuges auf die Zeit von Ende Juni bis Anfang Oktober beschränkt, da die Pass-Strecke über die Furka im Winter wegen extremer Lawinengefahr nicht befahren werden konnte. Jedes Frühjahr mußte die Furka-Bergstrecke mühsam von den meterhohen Schneemassen geräumt werden. Fast 9 Monate im Jahr waren die Kantone Uri und Wallis verkehrstechnisch durch die Furka getrennt. Erste Projekte für einen Furka-Basistunnel zwischen Realp und Oberwald gab es Anfang der fünfziger Jahre. Aber erst 1970 konnte mit der konkreten Planung begonnen werden. Der Baubeginn erfolgte gleichzeitig in Oberwald und Realp am 1. Oktober 1973. Schwierige geologische Verhältnisse behinderten die Mineure und verzögerten die Fertigstellung um Jahre. Erst am 2. April 1981 konnten die sich von beiden Seiten vorarbeitenden Tunnelbauer den Durchstich feiern. Schon im Jahr danach, am 25. Juni 1982, konnte der 15,442 km lange Tunnel mit einem großen Fest eingeweiht werden. Seither verkehrt der Glacier-Express das ganze Jahr über. Die Fahrzeit St. Moritz – Zermatt reduzierte sich auf etwa acht Stunden. Befürchtungen, daß nach Wegfall der Furka-Bergstrecke mit der Aussicht auf den Rhonegletscher, die Attraktivität des berühmten Zuges geringer wäre, bestätigten sich nicht. Das Gegenteil war der Fall. Die Anzahl der Reisenden stieg seither stetig an, so dass heute im Sommer der Glacier-Express in beide Richtungen vierfach geführt wird. Zukünftig wird es auch wieder möglich sein, wie in alten Zeiten im Sommer mit einem Nostalgie-Glacier-Express über die historische Furka-Strecke zu reisen.

Die Glacier-Express-Züge werden mit den modernsten 1.- und 2.-Klasse-Wagen der drei beteiligten Bahngesellschaften RhB, FO und BVZ gebildet. Eine Ausnahme ist das Zugpaar 902/907, dessen 1.-Klasse-Panoramawagen allein von FO und BVZ gestellt werden. Die Rhätische Bahn stellt traditionsgemäß die in allen Glacier-Express-Zügen auf Teilstrecken eingefügten Speisewagen. Der längste Speisewagenlauf ist jener mit Zug 907/K von St. Moritz nach Brig.

Reisen auf der Glacier-Express-Route

Die Fahrt mit dem Glacier-Express durch die Schweizer Alpen zählt zu den schönsten Eisenbahnreisen der Welt. Gleichgültig in welche Richtung Sie reisen, von St. Moritz nach Zermatt, oder umgekehrt von Zermatt nach St. Moritz, die Fahrt mit dem legendären Zug wird zur bleibenden Erinnerung. Wenn Sie eine Reise mit dem Glacier-Express planen, so bleiben Ihnen viele Möglichkeiten offen. In jedem Reisebüro können Sie die Fahrt als ein- oder mehrtägige Pauschalreise mit Hotelübernachtung buchen. Busunternehmer bieten Gruppenreisen an, die zumindest auf einem Teilstück die Fahrt mit dem Glacier-Express einbeziehen.
Das eindrücklichste Erlebnis bietet Ihnen jedoch eine individuell geplante mehrtägige Reise auf der Glacier-Express-Route, die in Etappen die Höhepunkte erschließt. Dabei empfiehlt es sich, außer mit den Glacier-Express-Zügen auch mit den meistens im Stundentakt verkehrenden Regional- und Schnellzügen zu reisen. Gute Hotels und Pensionen zum Übernachten finden Sie in allen größeren Orten in Bahnhofsnähe. Reservierung ist nur während der Hochsaison (Mitte Juli bis Ende August; Disentis, Andermatt auch Weihnachten – Ostern) erforderlich. Als Start- oder Endpunkte der Glacier-Express-Reise sind Chur, Brig, St. Moritz, Zermatt oder Andermatt zu empfehlen. Ein Beispiel, wie eine solche Individualreise aussehen kann, finden Sie unten.
Reisezeit: Der stärkste Ansturm von Touristen auf den Glacier-Express ist im Sommer. Sehr empfehlenswert ist jedoch auch die Fahrt im Herbst und Winter. Besonders während der Monate Januar bis März, wenn häufig stabiler Hochdruck gutes Wetter gewährleistet, wird die Reise durch die tief verschneite Landschaft zum unvergesslichen Erlebnis.

Wenn Sie eine Woche Zeit haben:
Reisevorschlag für eine 7-tägige Fahrt auf der Glacier-Express-Strecke im Sommer. Voraussetzung: Kleines Reisegepäck, feste Schuhe, Aufgeschlossenheit, Flexibilität.
1. Tag
Anreise nach Andermatt. Der Ort ist mit Bahn und Auto über die Gotthard-Route gut zu erreichen. Zahlreiche Hotels. Wenn die Zeit noch reicht, Fahrt mit Regionalzug den Oberalppass hoch bis Nätschen. Traumhafte Aussicht. Zurück mit Zug oder zu Fuß (ca. 1 Stunde).
2. Tag
Morgens Fahrt mit Regionalzug über den Oberalppass nach Disentis. Umsteigen in den Zug nach Chur. Fahrt bis Versam-Safien (Rheinschlucht). Spaziergang (ca. 20 Minuten) den Rhein entlang zur Chrummwag (krummer Weg). Zurück zur Station und mit nächstem Zug (Stundentakt) weiter nach Chur. Eventuell Besichtigung der interessanten Altstadt. Mit dem Glacier-Express oder dem Schnellzug weiter über die Albula-Strecke nach Bergün. Übernachtung.
3. Tag
Am Morgen Fahrt mit Schnellzug nach Preda. Wanderung entlang der Albula-Strecke (Bahnlehrpfad) zurück nach Bergün (2 – 3 Stunden). Mit Schnellzug oder Glacier-Express nach St. Moritz. Übernachtung.
4. Tag
Morgens Fahrt mit der Berninabahn nach Ospizio Bernina, dem mit 2253 m ü.M. höchstgelegenen Bahnhof Europas, der im Adhäsionsbetrieb erreicht wird (Restaurant, Aussicht auf See und Bergwelt). Gegen Mittag Rückfahrt nach Pontresina, umsteigen in Regionalzug nach Samedan. Weiter mit Schnellzug Richtung Chur bis Filisur. Spaziergang (ca. 20 Minuten) zum berühmten Viadukt (Aussichtsplattform). Der Weg zweigt unterhalb des Bahnhofes von der Fahrstraße ab. Glacier-Express-Züge überqueren kurz vor 16.00 und 17.00 Uhr den Viadukt. Übernachtung in Filisur.
5. Tag
Mit Glacier-Express Fahrt bis Andermatt. Umsteigen in Regionalzug Richtung Brig. In Realp (2. Station) aussteigen. Übernachtung in Pension oder Hotel.
6. Tag
Fahrt mit der Dampfbahn über die Furka-Bergstrecke nach Gletsch. Von dort mit dem Bus nach Oberwald. Weiter mit dem Glacier-Express oder einem der Regionalzüge über Brig nach Zermatt. Übernachtung.
7. Tag
Fahrt mit der Zahnradbahn auf das Gornergrat (3134 m ü.M.). Am Nachmittag Rückfahrt und Abschluss der Reise.

Fahrplan Winter 1999/2000 vom 18. Oktober bis 27. Mai

		Zug G 903
St. Moritz	ab	9:00
Chur	ab	10:57
Reichenau-T.	ab	11:15
Disentis	ab	12:21
Andermatt	ab	13:36
Brig	ab	15:23
Zermatt	an	16:43

		Zug D 906
Zermatt	ab	10:10
Brig	ab	11:54
Andermatt	ab	13:35
Disentis	ab	14:52
Reichenau-T.	an	15:56
Chur	an	16:06
St. Moritz	an	18:10

Aktuelle Informationen und Fahrpläne:

Rhätische Bahn
CH-7002 Chur
Tel. +41(0)81 / 2549104
Fax +41(0)81 / 2549105
www.rhb.ch

Furka-Oberalp-Bahn
CH-3900 Brig
Tel. +41(0)27 / 9228111
Fax +41(0)27 / 9228101
www.fo-bahn.ch

Dampfbahn Furka-Bergstrecke
CH-3999 Oberwald
Tel. +41(0)848 / 000144
Fax +41(0)27 / 9701078
www.net4u.ch/dfbfurka

Fahrplan Sommer 2000 vom 28. Mai bis 15. Oktober

Fahrtrichtung Davos/St. Moritz – Zermatt

		Zug F 901	Zug G 903	Zug H 905	Zug K 907
Davos	ab		9:02		
St.Moritz	ab			9:30	10:00
Chur	ab	8:57	10:57		12:20
Reichenau-T.	ab	9:09	11:09	11:28	|
Disentis	ab	10:21	12:21	12:41	13:45
Andermatt	ab	11:30	13:36	13:48	14:48
Brig	an	13:13	15:13	15:41	16:13
Zermatt	an	14:43	16:43	17:02	17:43

Fahrtrichtung Zermatt – Davos/St. Moritz

<table>
<tr><th></th><th></th><th>Zug A 900</th><th>Zug B 902</th><th>Zug C 904</th><th>Zug D 906</th></tr>
<tr><td>Zermatt</td><td>ab</td><td>8:10</td><td>8:52</td><td>9:32</td><td>10:10</td></tr>
<tr><td>Brig</td><td>ab</td><td>9:57</td><td>10:20</td><td>11:12</td><td>11:46</td></tr>
<tr><td>Andermatt</td><td>ab</td><td>11:42</td><td>12:02</td><td>12:56</td><td>13:35</td></tr>
<tr><td>Disentis</td><td>ab</td><td colspan="2">13:15</td><td>14:15</td><td>14:52</td></tr>
<tr><td>Reichenau-T.</td><td>ab</td><td colspan="2">|</td><td>15:21</td><td>15:56</td></tr>
<tr><td>Chur</td><td>an</td><td colspan="2">14:31</td><td>15:31</td><td>16:06</td></tr>
<tr><td>St. Moritz</td><td>an</td><td colspan="2">16:55</td><td>17:55</td><td>|</td></tr>
<tr><td>Davos</td><td>an</td><td colspan="2"></td><td></td><td>17:52</td></tr>
</table>

Engadiner Impressionen – Von St. Moritz ins Val Bever

Der in 1860 m Höhe gelegene weltbekannte Kurort St. Moritz ist Ausgangs- und Endpunkt der klassischen Glacier-Express-Route. An einem Sommermorgen steht der Glacier-Express H bereit, um seine siebenstündige Reise nach Zermatt um 9.30 Uhr anzutreten. Eine halbe Stunde später wird ein weiterer Glacier-Express (K), der aus Panoramawagen 1. Klasse besteht, St. Moritz verlassen.

Oben: Höhepunkt einer Europareise ist für viele Touristen die Fahrt mit dem Glacier-Express. Zwei fröhliche junge Damen aus Fernost sind im Bahnhof St. Moritz in den Glacier eingestiegen und freuen sich auf die Traumreise im berühmten Zug.

Rechte Seite: Ein großartiger Blick über das Oberengadin bietet sich vom Aussichtspunkt Punt Muragl, der mit einer Seilbahn leicht zu erreichen ist. In Bildmitte links St. Moritz mit dem gefrorenen See, dahinter, wie an einer Perlenschnur aufgereiht, die Oberengadiner Seenplatte, umrahmt von den Bergspitzen von Julierpass und Malojapass. Die Glacier-Express-Strecke führt von St. Moritz in einer weiten Schleife zum rechts von der Bildmitte gelegenen Celerina hinab. Zu erkennen ist ein Zug, der den Ort in Richtung Samedan verläßt.

SAMEDAN

RESTAURANT

Vorhergehende Doppelseite:
Vor wenigen Minuten hat der Glacier-Express St. Moritz verlassen. An zweiter Stelle ist im Zugverband der „Jumbo"-Speisewagen eingereiht, der als größtes Schienenrestaurant Europas gilt. Auf der Fahrt durch das Rheintal nach Disentis wird den Reisenden ein köstliches Mittagessen serviert.

Links: Ein aus Scuol im Unterengadin kommender Regionalzug hat in Bever die Glacier-Express-Strecke erreicht und ist zwischen Samedan und Celerina nach St. Moritz unterwegs. Die Zuglokomotive Ge 4/4 I steht seit 1947 im Dienst der Rhätischen Bahn. An die lange Lebensdauer dieser gut gepflegten Maschinen erinnert an der ersten Lokomotive dieser Bauserie, der Nr. 601 „Albula", eine Aufschrift an der Seitenwand. Bis zum Erscheinen der moderneren und stärkeren Ge 4/4 II im Jahr 1983, führten diese Maschinen oft den Glacier-Express.

Rechte Seite: Zwei Lokomotiven der Baureihe Ge 4/4 III ziehen den Glacier-Express durch die verschneite Landschaft bei Celerina.

Linke Seite:
An den Quellgebieten der drei großen europäischen Flüsse Inn, Rhein und Rhone führt die Fahrt mit dem Glacier-Express vorbei. Am Ufer des noch jungen Inn eilt ein aus Chur kommender Schnellzug, gezogen von einer sechsachsigen Lokomotive der Serie Ge 6/6 II, bei Samedan St. Moritz entgegen. Von 1958 bis 1994 führten diese Lokomotiven die schweren Glacier-Express-Züge über die Albula-Strecke.

Oben: Kaum zu glauben, daß seit über 85 Jahren bei der Rhätischen Bahn elektrische Lokomotiven zum Einsatz kommen. Mit einem Nostalgiezug ist die 1914 in Betrieb genommene Ge 4/6 353 zwischen Celerina und Samedan unterwegs.

Linke Seite: In Bever verläßt der Glacier-Express das Inntal und erreicht nach kurzer Fahrt entlang dem Beverinbach das Südportal des Albulatunnels.

Rechts: Mit einem Schnellzug und nicht mit dem Bernina-Express, wie vielleicht die Lokomotivenaufschrift vermuten läßt, ist Ge 4/4III 641 durch das Val Bever in Richtung St. Moritz unterwegs. Das Val Bever, in dem es bis 1880 Bären gab, gilt als kältestes Hochtal der Schweiz.

Im Albulatal zwischen Preda und Thusis

Oben: Durch den 5865 m langen Albulatunnel erreichen die vom Engadin kommenden Züge Preda. Da die Albulapass-Straße im Winter für den Autoverkehr gesperrt ist und zur Schlittenbahn wird, können Wintersportler sich in der Station einen Schlitten leihen, um in sausender Fahrt Bergün zu erreichen.

Rechte Seite:
Nach Durchfahrt des Albulatunnels eilt der Glacier-Express bei Preda dem interessantesten Abschnitt der Albula-Linie entgegen.

Oben: Reisen im Luxus vergangener Zeiten ist im „Alpine-Classic-Pullman-Express“ möglich. Seine im Stil des Pariser Art deco restaurierten Pullman-Salonwagen aus dem Jahre 1931 verkehren auf dem Streckennetz der RhB und als „Train de Luxe“ auf der Strecke des Glacier-Express von St. Moritz nach Zermatt. Gezogen vom „Krokodil“ Ge 6/6 412 leuchtet der Zug bei Preda in den ersten Strahlen der Morgensonne.

Rechte Seite:
Der Schnellzug nach St. Moritz erreicht nach den vielen Brücken, Schleifen und Tunnels des oberen Albulatals bei Naz das Hochtal von Preda.

642

Links: Ein Ableger des Bernina-Express ist der Heidi-Express, der auf der Route Landquart –Davos – Filisur – Albulapass – Pontresina – Berninapass – Tirano fährt. Auf dem Albula-Viadukt III strebt der von einer Ge 4/4 I gezogene Express dem Engadin entgegen.

Rechte Seite: Wenige Minuten nachdem der Heidi-Express den Albula-Viadukt III überquert hat, rollt in Gegenrichtung der talwärts fahrende Glacier-Express über das Brückenbauwerk. Im Hintergrund ragt der Piz Rugnux auf.

VEREINA
Viafier retica

Linke Seite: Auf dem Albula-Viadukt I überquert ein nach St. Moritz fahrender Schnellzug den reissenden Fluß. Die Zuglokomotive Ge 4/4 III ist mit den Fotos aller Mitarbeiter der Rhätischen Bahn geschmückt. Jeder Punkt des geschwungenen Bandes stellt eine Person dar. Die Aufschrift erinnert an die Eröffnung des Vereinatunnels, der seit Herbst 1999 Klosters mit dem Engadin verbindet. Nach Durchfahrt des Rugnux-Kehrtunnels wird der Zug auf der oberhalb der Brücke liegenden Galerie noch einmal zu erkennen sein.

Rechts: Panoramawagen 1. Klasse bestimmen das Bild des Glacier-Express B, der hoch über der schäumenden Albula auf einem Lehnen-Viadukt bergwärts fährt.

Zweimal der Glacier-Express auf den Schleifen oberhalb von Bergün. Im linken Bild am späten Nachmittag den Albulapass mit Ziel St. Moritz aufwärts fahrend. Rechts am Morgen mit Ziel Zermatt talwärts rollend. Im Hintergrund das malerische Dörfchen Latsch, in dem das bekannte Kinderbuch „Heidi“ von Johanna Spyri verfilmt wurde.

Bergün ist im Sommer wie im Winter ein beliebtes Ziel für erholsame Ferien. Wahrzeichen des Ortes ist der alte Turm, dessen Untergeschoss aus dem 12. Jahrhundert stammt. Die kleine Dorfkirche wurde 1188 erbaut; ihr Turm blieb bis heute fast unverändert. Das Bild auf der linken Seite zeigt den Glacier-Express auf der mittleren Schleife oberhalb des alten Turmes, das Bild oben vor der schönen Dorfkulisse.

645
BEMO
Faszination
Schmalspurbahn
Tujetsch
BEMO

Linke Seite: Die für einen Hersteller von Modelleisenbahnen Reklame fahrende Ge 4/4 645 ist mit einem Schnellzug nach Chur in den Bahnhof Filisur eingefahren. Hier trifft die von Davos her kommende Strecke durch das Landwassertal auf die Albula-Linie. Zur vollen Stunde kreuzen in Filisur die Züge aus Chur und St. Moritz, und der Regionalzug nach Davos wartet auf Reisende.

Für Eisenbahnfreunde aus aller Welt ist der kleine Ort im Albulatal ein bevorzugtes Reiseziel, denn von hier aus lassen sich viele der spektakulären Streckenabschnitte der RhB leicht erreichen. Das direkt am Bahnhof gelegene Hotel Grischuna ist für einen längeren Aufenthalt zu empfehlen, denn es bietet nicht nur komfortable Zimmer, sondern auch eine hervorragende Küche.

Oben: Filisur liegt zwar nicht im Engadin, wird aber trotzdem als „unterstes Engadiner Dorf" bezeichnet, denn das alte Dorfbild zeigt viele Häuser im Engadiner Stil mit Erkern, schmiedeeisernen Korbgittern und Sgraffito-Bildern an den Fassaden.

Bei Filisur überspannt der Landwasser-Viadukt in einem Radius von nur 100 m den Fluß. Der an eine senkrechte Felswand angehängte Viadukt ist eines der bekanntesten und sicher am meisten fotografierte Brückenbauwerk in Europa. Im linken Bild verläßt ein Zug nach Chur den Landwassertunnel und präsentiert sich im Abendlicht auf dem Viadukt. Das Bild oben zeigt den Glacier-Express auf seinem Weg nach St. Moritz.

Links: Im letzten Sonnenlicht überquert der Bernina-Express den Landwasser-Viadukt. Nach der Lokomotive ist der vom Designer Philippe Starck gestaltete „Sesselbahnwagen" Star(c)kes Stück eingereiht. Ausgestattet mit einer Liege von Le Corbusier und Sesseln von Starck, Jacobsen und Kita wird der Wagen überraschend in Züge eingereiht. Mit einem 1.-Klasse-Billet kann er von allen Fahrgästen benützt werden.

Rechte Seite: An den Fenstern drängen sich die Reisenden des Glacier-Express um einen Blick auf das 65 m tiefer dahinrauschende Landwasser zu erhaschen, bevor der Zug im Tunnel verschwindet.

Furka-Oberalp
EMS
Durch Leistung zum Erfolg

RESTAURANT

Zwei berühmte Züge sind jeden Tag auf der Albulastrecke unterwegs:
Glacier- und Bernina-Express.

Im Bild auf der linken Seite verläßt der Glacier-Express gerade den kurzen Saglainstunnel. Im Bild oben überquert der Bernina-Express den Schmittentobel-Viadukt.

Oben: Reisezüge halten in Surava nur noch wenn ein entgegenkommender Zug abzuwarten ist. Der Bernina-Express durcheilt jedoch ohne Halt die Ausweichstation.

Rechte Seite: In der frühen Morgensonne zieht an einem Oktobertag ein Schnellzug an Surava vorbei, der St. Moritz als Ziel hat.

EMS

Linke Seite: Unterhalb Surava rollt der Glacier-Express talwärts. Die den zweiten Zugteil bildenden 1.-Klasse-Panoramawagen nach Zermatt und der Speisewagen gehen in Reichenau-Tamins auf einen Zug Richtung Disentis über. Die Lok mit den ersten sieben Wagen, der sogenannten Stammkomposition, erreicht Chur als normaler Schnellzug.
Oben: Ein von zwei Ge 4/4 III gezogener langer Schnellzug nach St. Moritz verläßt Tiefencastel. Das an den Routen Lenzerheide – Julier und Thusis – Albula gelegene Passdorf, wird von der 1650–1652 erbauten Barockkirche St. Stephan beherrscht.

Thusis
612
Viafier retica
RESTAURANT

Das höchste Brückenbauwerk, das der Glacier-Express auf seiner Fahrt überquert, ist der Solis-Viadukt der Rhätischen Bahn, der in 89 m Höhe die Albula-Schlucht überspannt. Das Bild auf der linken Seite zeigt den berühmten Zug in Richtung Chur fahrend, im Bild rechts ist eines der „Krokodile“ der Rhätischen Bahn mit einem Nostalgiezug nach Filisur unterwegs. Die bei Eisenbahnfreunden Kultstatus besitzenden Krokodil-Lokomotiven, offizielle Bezeichnung Ge 6/6 I, bespannten auf dem Streckennetz der RhB den Glacier-Express bereits 1930.

In Thusis erwartet jeden Tag eine Dame mit ihrem Reisegepäck den Glacier-Express. Zum Einsteigen in einen der schönen Wagen kann sie sich jedoch nie entschließen. Die vom Bildhauer Robert Indermaur aus Chur 1995 geschaffene Bronzeplastik schmückt den Bahnsteig zwischen Gleis 2 und 3. Zwei weitere Plastiken zum Thema „Unterwegs" stehen im neugebauten Bahnhofsgebäude.
Der Hauptort des Domleschg liegt am Eingang zur Viamala-Schlucht und verdankt seine Bedeutung dem Verkehr über San Bernardino- und Splügenpass.

1
BVZ Zermatt-Bahn

641

Entlang dem Hinterrhein nach Reichenau-Tamins

Stellvertretend für die vielen Burgen, an denen der Glacier-Express im unteren Albulatal und am Hinterrhein vorbeifährt, stehen die Aufnahmen dieser beiden Seiten. Links die aus dem 12. Jh. stammende Burgruine Campi (oder Campell), die den Eingang zur finsteren Schin-Schlucht bewacht. Ein von Chur kommender Schnellzug passiert gerade den nur 32 m langen Campelltunnel. Im Bild oben Schloß Ortenstein und der durch das Domleschg nach Thusis eilende Glacier-Express.

512
Rhätische Bahn
612

Linke Seite: In Cazis wartet der zwischen Chur und Thusis pendelnde Triebwagen Be 4/4 512 die Vorbeifahrt des von Ge 4/4 II 612 gezogenen Bernina-Express ab.

Oben: Der Glacier-Express vor der Kulisse des Calanda-Massivs zwischen Bonaduz und Rhäzüns. Ohne Werbung passen die formschönen Lokomotiven der Serie Ge 4/4 III besonders gut zum Glacier-Express. Keine große Last sind die fünf Wagen des Zuges für die 2500 kW (3265 PS) starke Lokomotive 641 „Maienfeld“.

Bei Reichenau-Tamins vereinen sich Vorder- und Hinterrhein und fließen gemeinsam als Rhein zur über 1200 km entfernten Nordsee. Bild links zeigt den Vorderrhein und die Zusammenfluss-Stelle. Die den Hinterrhein überspannende eiserne Fachwerkbrücke überquert gerade der von zwei Ge-4/4-II-Lokomotiven gezogene Bernina-Express. Vom Hinterrhein aus gesehen ist das Bild auf der rechten Seite. Der von St. Moritz kommende Glacier-Express wird, nachdem im Bahnhof Reichenau die Lokomotive an das Zugende umgesetzt hat, wenige Minuten später ein zweites Mal die Brücke in entgegengesetzter Richtung überqueren, um kurz danach mit Ziel Zermatt ins Vorderrheintal abzuzweigen.

RESTAURANT

Zwischen Davos und Chur

Oben: Der Glacier-Express G rollt bei Davos-Wolfgang durch blühende Bergwiesen nach Klosters hinunter. In der Sommersaison, von Ende Mai bis Mitte Oktober, verkehrt auch zwischen Davos und Zermatt ein Glacier-Express-Zugpaar. Von Davos bis Chur, bzw. von Chur nach Davos, sind die Glacier-Express-Wagen in Schnellzüge eingereiht. Rechte Seite: Unterhalb von Serneus fährt der Glacier-Express durch das Prättigau Chur entgegen.

Furka-Oberalp

Oben: Der Bahnhof von Chur mit seinen zwei Spurweiten, der Normalspur (1435 mm) und der Meterspur, wird täglich von vielen Zügen aus St. Moritz, Disentis, Davos, Arosa, Zürich und St. Gallen frequentiert. Rechts im Bild auf Gleis 4 und 5 Züge der normalspurigen SBB. Links, im Schmalspurbereich, auf Gleis 6 ein Glacier-Express nach Zermatt. Außer Zug H, der in Reichenau „Kopf macht", erreichen alle Glacier-Express-Züge Chur.
Rechte Seite: Blick auf Chur, Hauptstadt von Graubünden, dem größten Kanton der Schweiz, mit sehenswerter Altstadt, Eisenbahnanlagen und Industriegebiet. Die im Rheintal liegende Stadt war schon immer Durchgangsstation zu den Alpenpässen und hat eine lange Geschichte. Von den Römern wurde sie „Curia Raetorum" genannt und 284 n. Chr. Hauptstadt der damaligen Provinz „Raetia Prima". Im Mittelalter entwickelte sich die Stadt zum Handelszentrum. Heute ist sie eine moderne Handelsmetropole, in der auch der Tourismus eine wichtige Rolle spielt.

Durch die Rheinschlucht nach Disentis

Zu den Höhepunkten einer Reise mit dem Glacier-Express gehört die Fahrt durch die Rheinschlucht zwischen Reichenau und Ilanz. Der Weg des Vorderrheins wurde vor etwa 15 000 Jahren durch einen gewaltigen Bergsturz versperrt, durch den sich der Fluss im Verlauf der Jahrtausende ein tief eingeschnittenes neues Bett grub. Im Bild oben der Glacier-Express bei der Ausfahrt aus dem zwischen Trin und Versam gelegenen Ransuntunnel. Rechts fährt bei der Isla Davos ein Regionalzug den Vorderrhein entlang Richtung Chur.

Links: Bei der „Chrummwag“ (krummer Weg) rollt der Glacier-Express den Vorderrhein entlang, der hier in einer scharfen Haarnadelkurve einen Felssporn umfließt.

Rechte Seite: Die Rheinschlucht bei der Station Versam-Safien, die der Glacier-Express soeben durchfahren hat. Bis an die Strecke heranreichender Wald läßt den Reisenden nur die Sicht auf die bis zu 300 m hohen Kalkfelsen.

643
Vals
EMS-CHEMIE
EMS
Durch Leistung
zum Erfolg

Linke Seite: Ein Regionalzug nach Disentis erreicht Versam-Safien. Die weitab vom zugehörigen Dorf in der Rheinschlucht liegende Station verbindet ein Postbus mit dem hoch am Berg liegenden Versam und dem Safiental.

Rechts: In der Rheinschlucht ist nur Platz für den Fluss, die Bahn und einen schmalen Wanderweg. Die Fluss- und Felsenlandschaft mit ihrer vielfältigen Flora und Fauna, macht eine Wanderung durch die Ruin'aulta – so heißt die Rheinschlucht auf rätoromanisch – zu einem unvergesslichen Erlebnis. Als Ausgangs- und Endpunkte sind die in der Schlucht liegenden Stationen Trin, Versam und Valendas zu empfehlen, die mit der Rhätischen Bahn leicht zu erreichen sind. Die Züge verkehren im Stundentakt in jede Richtung.

GOURMINO
Furka-Oberalp
Furka-Oberalp
Furka-Oberalp

Linke Seite: Der Glacier-Express hat die wilde Rheinschlucht verlassen und fährt nun bei Castrisch durch eine liebliche Berglandschaft.

Oben: Ein Regionalzug nach Chur verläßt Castrisch, das unterste Dorf des Bündner Oberlandes.

Oben: Zwischen Castrisch und Ilanz fährt der Glacier-Express das Rheintal aufwärts. In der Wintersaison verkehrt täglich ein Glacier-Express-Zugpaar zwischen den Wintersportzentren St. Moritz und Zermatt.

Rechte Seite: In Gegenrichtung ist ein Regionalzug zwischen Illanz und Castrisch unterwegs. In Bildmitte Illanz, das bereits seit 1289 Stadtrechte besitzt. Im Hintergrund der Bifertenstock (3421 m).

Oben: Ein hübsches Empfangsgebäude erwartet den Reisenden in Waltensburg/Vuorz. Die kleine Station ist nicht mehr besetzt, Fahrkarten können jedoch aus einem Automaten gelöst werden. An Burgen Interessierte finden östlich von Waltensburg auf einem Geländesporn das Burgareal von Jörgenberg, das als größte Burganlage des Bündner Oberlandes gilt.
Rechte Seite: Ein Regionalzug nach Ilanz und Chur erreicht Tavanasa-Breil/Brigels. Die Bahnhöfe und Stationen im Bündner Oberland tragen zum Teil ungewöhnliche Namen. Ein Hinweis, daß hier rätoromanisch, die vierte offizielle Landessprache der Schweiz, gesprochen wird.

TAVANASA BREIL-BRIGELS
Tavanasa-Breil/Brigels

Linke Seite: Der Glacier-Express vor der schönen Dorfkulisse von Trun. Der Ort besitzt für Graubünden große Bedeutung, denn hier kam es 1424 unter einem Ahornbaum zum Schwur des Grauen Bundes, einer Freiheitsbewegung, aus der sich der Namen des Kantons Graubünden ableitet.

Rechts: Wälder schützen Somvix mit seiner großen Pfarrkirche und die am Hang geführte Bahnstrecke vor Lawinen.

Linke Seite: Glacier-Express nach Zermatt auf dem Val-Lumpegna-Viadukt. Der durch Lawinen gefährdete Viadukt und die hinter ihm liegende Straßenbrücke sind durch eine automatische Lawinenwarnanlage abgesichert.

Oben: Ein Regionalzug eilt kurz vor Disentis am Weiler Disla vorbei. Weit geht von hier der Blick das Vorderrheintal abwärts.

Nächste Seite: Ein von Chur kommender Glacier-Express fährt in Disentis ein. Hier kuppelt die Lokomotive der Rhätischen Bahn vom Zug ab, und eine Lokomotive mit Zahnradantrieb der Furka-Oberalp-Bahn (FO) übernimmt den Weitertransport bis Brig. Über dem Ort thront die 765 gegründete Benediktinerabtei, Kunst- und Kulturzentrum des Bündner Oberlandes. Die Klosterkirche mit ihren Zwiebeltürmen gilt als schönste Barockkirche Graubündens.

sion 2006

Winterreise über den Oberalppass

Oben: Mit Hilfe von Zahnrad und Zahnstange klettern die Züge zur 2033 m hoch gelegenen Oberalp-Passhöhe Calmot empor. Unmittelbar nach dem Bahnhof Disentis beginnt ein erster Zahnstangenabschnitt, auf dem die Züge die Sonnenterasse von Segnas erreichen.

Rechte Seite: Ein Schneerutsch am Oberalppass erfordert bei schönstem Winterwetter den Einsatz einer Schneeräumeinheit, die aus Schneeschleuder Xrote 4932, Schiebelokomotive HGe 4/4 I 32 und Spurpflug X 4804 besteht.

W

Oben: Glacier-Express auf dem gebogenen Val-Bugnei-Viadukt.

Rechte Seite: Ein Regionalzug nach Disentis ist bei Segnas unterwegs.

Oben: Eine HGe-4/4-I-Lokomotive verläßt mit leeren Rungenwagen den Bahnhof Sedrun. Die altertümlich wirkenden FO-Lokomotiven der Serie HGe 4/4 I beförderten den Glacier-Express über einen Zeitraum von fast 50 Jahren. Erst mit dem Erscheinen der Serie HGe 4/4 II, ab 1985, verloren sie nach und nach die Beförderung des berühmten Zuges. In untergeordneten Diensten kommen sie noch heute zum Einsatz.

Rechte Seite: Die 1940 in Betrieb genommene HGe 4/4 I 32 mit einer Schneeräumkomposition im Bahnhof Sedrun.

FO
32
FO
X 4904

Das weite Hochtal von Tavetsch/Tujetsch mit den Ortschaften Sedrun, Rueras und Dieni ist im Sommer wie im Winter eine vielbesuchte Ferienregion. Das Bild auf der linken Seite zeigt den Blick in Richtung Oberalppass. Kurz nach der Kreuzungsstation Dieni überquert der Glacier-Express den Val-Giuv-Viadukt. Im Bild rechts Rueras mit dem darüber aufragenden Oberalpstock (3328 m).

Links: Unterhalb der Passhöhe fährt vor der Kulisse des Schneehühnerstocks (2773 m) die HGe 4/4 II mit ihrem Regionalzug talwärts. Die im Winter für den Autoverkehr gesperrte Pass-Straße lädt zu Wanderung und Skilanglauf durch eine traumhafte Winterlandschaft ein.

Rechte Seite: Geschützt vor Lawinen verläuft die Strecke zwischen Tschamut-Selva und der Passhöhe zum größten Teil in Galerien und Tunnels. Der Glacier-Express hat soeben den Tunnel Calmot II verlassen und wird gleich die Station Oberalp-Passhöhe-Calmot erreichen.

GLACIER EXPRESS

104
73
2

Linke Seite: Wenn im Winter die Pass-Straße für den Verkehr gesperrt ist, transportiert die FO mit speziellen Wagen Autos über den Oberalppass. Verladestationen sind Sedrun und Andermatt.

Oben: Der Glacier-Express hat an der Ausweichstation Oberalp-Passhöhe-Calmot den höchsten Punkt (2033 m) seiner Fahrt erreicht. Ein während der Wintersaison verkehrender Extrazug brachte Skifahrer zur hochgelegenen Station. Nach Durchfahrt des Glacier-Express wird er einige Zeit später die Rückfahrt nach Disentis antreten.

101
FO Nätschen

Linke Seite: Ein von Disentis kommender Zug wartet an der Station Nätschen die Vorbeifahrt eines entgegenkommenden Zuges ab. Die Station spielt vor allem im Winter eine wichtige Rolle für die FO, denn sie ist Ausgangspunkt eines großen Wintersportgebietes. Die kleine Station besitzt einen zur Winterzeit gut geheizten Warteraum mit verglaster Front, die bei gutem Wetter eine großartige Sicht auf die umgebende Bergwelt freigibt.

Rechts: Lokomotiven die auf den Strecken Disentis – Brig und Brig – Zermatt verkehren, können im Adhäsions- und Zahnradbetrieb fahren. Das Ende des fast 4,2 km langen Zahnstangenabschnittes Andermatt – Nätschen hat ein Regionalzug nach Disentis erreicht. Am Zugschluss ein Autotransportwagen, der in Sedrun abgehängt wird.

Absoluter Höhepunkt einer Reise mit dem Glacier-Express im Winter ist die Fahrt am Berghang des Nätschen entlang. Den Reisenden bietet sich eine fantastische Sicht auf die märchenhaft verschneite Bergwelt. Im Bild rechts vor der Kulisse des Gurschen der wenige Minuten zuvor in Andermatt abgefahrene Glacier-Express. Auf der linken Seite ein Regionalzug vor großartigem Panorama in der letzten Schleife vor der Station Nätschen. Weit geht der Blick ins Urserental mit den Dörfern Hospental, Realp und auf das Gotthard- und Furkamassiv.

FO
GLACIER EXPRESS

Linke Seite: Langsam tastet sich am Nätschen der Glacier-Express auf der Zahnstange die 110‰-Neigung nach Andermatt hinab.

Oben: Der von Zermatt kommende Glacier-Express hat in Andermatt vom Gegenzug den Speisewagen übernommen und fährt nun auf der mittleren Schleife den Nätschen aufwärts. Im Hintergrund Spizigrat und Mittagstock.

Linke Seite: Blick auf den Bahnhof Andermatt, in dem sich die von St. Moritz und Zermatt kommenden Glacier-Express-Züge treffen. Der Speisewagen wird hier umrangiert und fährt über den Oberalppass nach Chur zurück. Unten rechts im Bild der Abzweig nach Göschenen.

Rechts: Andermatt und das Urserental ist eine schneesichere Ferienregion. Die Züge der FO erschließen die Skipisten am Nätschen und an der Oberalp-Passhöhe. Eine Attraktion ist die Schlittenfahrt vom Nätschen auf der Pass-Straße nach Andermatt hinab. Schlitten können in Andermatt ausgeliehen werden.

Links: Glacier-Express auf dem Richleren-Viadukt, der bei Hospental die Furkareuss überspannt. Im Hintergrund der Rienzenstock und das Skigebiet am Nätschen.

Oben: Der mit HGe 4/4 I 37 bespannte Regionalzug Brig – Andermatt fährt aus Hospental aus. Wahrzeichen des Ortes sind der alte Turm, ein letzter Rest der ehemaligen Burg der Edlen von Hospental und die 1705 bis 1711 erbaute Barockkirche mit reicher Ausstattung.

Links: Glacier-Express in Kurzausführung bei Zumdorf im Urserental. Das durch Gletscher geformte Tal erstreckt sich von Andermatt bis Realp.

Rechte Seite: Ohne Halt durcheilt der Glacier-Express den FO-Bahnhof Realp, um nach wenigen Metern in den 15,4 km langen Furka-Basistunnel einzutauchen. Im DFB-Bahnhof rangiert ein Dampfzug. Links unten im Bild der Abzweig zur Furka-Bergstrecke, über die bis 1981 im Sommer die Glacier-Express-Züge fuhren.

DFB 1

Dampf auf der Furka-Bergstrecke

Oben: Nachdem die HG 3/4 Nr. 1 „Furkahorn“ einen Zug von der Furka zurückgebracht hat, wird sie im Depot Realp gedreht, fasst Wasser und Kohle, um anschließend erneut mit einem Zug die Bergstrecke zu bezwingen.

Im Sommer 1981 fuhren die letzten mit E-Loks bespannten Züge über die Furka-Bergstrecke. Nach Inbetriebnahme des Furka-Basistunnels 1982, der einen ganzjährigen Betrieb zwischen Disentis und Brig ermöglicht, sollte die nur im Sommer befahrbare Bergstrecke abgebrochen werden. Doch im selben Jahr fanden sich Eisenbahnfreunde in einem Komitee zur Erhaltung der „Furka-Bergstrecke“ zusammen. Mit Hilfe der Presse wurde die Öffentlichkeit aufmerksam, und so konnte der Streckenabbruch bis zum Frühjahr 1984 verschoben werden. Dem 1983 gegründeten Verein Furka-Bergstrecke (VFB) gelang es, in Verhandlungen mit der Furka-Oberalp-Bahn, die Abruchentscheidung aufzuheben. Freiwillige begannen mit Sanierungs- und Unterhaltungsarbeiten an der Strecke. Mitglieder des VFB entwickelten ein Konzept zur Rettung der Bergstrecke und zum Betrieb einer Touristenbahn mit Dampflokomotiven. Als Betriebsgesellschaft wurde 1985 die Aktiengesellschaft Dampfbahn Furka-Bergstrecke (DFB) gegründet. Das Anfangskapital von 100000 Franken war bald mehrfach überzeichnet. Die Strecke Realp – Gletsch ging 1987 von der FO in das Eigentum der DFB über. Den Abschnitt Oberwald – Gletsch trat die FO im Baurecht an die DFB ab. Als erster Abschnitt wurde die Strecke zwischen Realp und Tiefenbach saniert. Mit der jahrelang in Chur vor einer Schule aufgestellten Dampflokomotive HG 2/3 Nr. 6 „Weisshorn“, die früher im Dienst der Brig-Visp-Zermatt-Bahn stand, wurde 1992 der Zugverkehr zwischen Realp und Tiefenbach aufgenommen. Die Suche nach weiteren Dampflokomotiven führte die DFB nach Vietnam. Von den ursprünglich 10 Dampflokomotiven der Furka-Oberalp-Bahn wurden 1947 die Nr. 1, 2, 8 und 9 nach Vietnam zur Zahnradbahn Krong Pha-Dalat verkauft. Nach dem Ende des Vietnamkrieges waren die Maschinen an verschiedenen Orten abgestellt und die Strecke zerstört. Nach langwierigen Verhandlungen mit der vietnamesischen Regierung gelang es, mehrere Maschinen zurückzukaufen. In der Aufsehen erregenden Aktion „Back to Switzerland“ holte im Sommer 1990 eine zwölfköpfige Gruppe die HG 3/4 Nr. 1, die zerlegte HG 3/4 Nr. 2, 8 und 9 sowie zwei einst direkt nach Vietnam gelieferte HG 4/4 in die Schweiz zurück. Nach der Aufarbeitung in Meiningen nahmen 1993 die Dampflokomotiven Nr. 1 „Furkahorn“ und Nr. 2 „Gletschhorn“ den Dienst an der Furka auf. Im selben Jahr konnte auch der Betrieb zwischen Realp und Furka aufgenommen werden. Seit dem Sommer 2000, nach der Sanierung des Scheiteltunnels, erreichen die Dampfzüge Gletsch.

Die letzte sich im Besitz der FO befindende Dampflokomotive HG 3/4 Nr. 4 kommt, seit der Revision in der DFB-Werkstätte Chur, ebenfalls an der Furka-Bergstrecke zum Einsatz. Optimistische Prognosen gehen davon aus, daß bis 2006 die gesamte Bergstrecke Realp – Oberwald befahren werden kann.

Linke Seite: Im DFB-Bahnhof Realp wartet ein mit der ehemaligen FO-Lok HG 3/4 Nr. 1 bespannter Zug auf Fahrgäste. Den Glacier-Express zwischen Disentis und Brig führten die Lokomotiven der Serie HG 3/4 bis zur Elektrifizierung der FO-Strecke 1941.

Linke Seite: Zwischen Realp und der Einfahrt in die Zahnstangenstrecke kurz vor der Wilerbrücke ist die Bergstrecke durch Hochwasser gefährdet. Nach verheerenden Unwettern über dem Gotthardgebiet im August 1987, die gewaltige Regenmengen brachten, trat die Furkareuss über die Ufer. Die reißenden Fluten zerstörten innerhalb kurzer Zeit die Strecke unterhalb der Wilerbrücke. Nichts mehr zu sehen ist von den Verwüstungen, als an einem herrlichen Frühsommertag der Dampfzug an der friedlichen Furkareuss entlangfährt.

Oben: Nur noch wenige Meter zum Bahnhof und zum Depot Realp hat der von der Furka zurückkehrende Zug vor sich. Die breite Holzbrücke über die Furkareuss wurde von der Schweizer Armee gebaut. Sie dient im Winter dem Biathlonsport.

Oben: Mächtig anstrengen muß sich die HG-3/4-Lokomotive, als sie mit einem gut besetzten Zug am Haken, die Steigung zur Furka in Angriff nimmt.

Rechts: Der Dampfzug hat Realp verlassen und fährt in mäßiger Steigung auf der Adhäsionsstrecke der Furkareuss entlang. Im Hintergrund Realp mit den Bahnhofsanlagen der FO.

FURKA-BERGSTRECKE

Linke Seite: Oberhalb Realp wechseln auf der Wilerbrücke die Züge vom linken auf das rechte Ufer der Furkareuss. Die ursprünglich an dieser Stelle stehende gemauerte Steinbrücke mit fünf Bogen stürzte am 10. Mai 1955 ein, kurz bevor der Betrieb über die im Winter gesperrte Bergstrecke wieder aufgenommen wurde. Der nach der Schneeschmelze Hochwasser führende Gebirgsbach hatte das Fundament des Mittelpfeilers unterspült.

Oben: Der Dampfzug ist oberhalb des Tunnels Alt Senntumstafel I unterwegs. Zwischen Wilerbrücke und Tiefenbach ist nur für die Bahnstrecke und die Furkareuss Platz in der wilden Schlucht.

DFB 2
FURKA-BERGSTRECKE
2

Linke Seite: Vorbei an blühenden Alpenrosen, zieht Lok DFB Nr. 2 mit einem nur schwach besetzten Zug der Station Furka entgegen.

Rechts: HG 3/4 Nr. 9 mit dem ersten Zug am Morgen auf der berühmten Klappbrücke über das Steffenbachtobel. Sie ersetzt eine Steinbogenbrücke, die 1915 durch eine Lawine vor der Streckeneröffnung zerstört wurde. Die 36 m lange Brücke wird jeden Herbst zusammengeklappt und auf die Widerlager zurückgezogen, so dass Lawinen keinen Schaden anrichten können.

DFB 1

Linke Seite: Von 1993 bis 1999 endeten die Züge der DFB an der Station Furka.
Die Drehscheibe stammt noch aus der Zeit als die Furka-Oberalp-Bahn Dampflokomotiven einsetzte. Jahrzehntelang ohne Funktion, dient die restaurierte und mit Schutzgittern versehene Drehscheibe heute den Lokomotiven der DFB zum Wenden.

Oben: Von der Furka kommend, überquert der Dampfzug bei der Alp Steinstafel einen gemauerten Viadukt. Ein letzter, funktionslos gewordener Oberleitungsmast erinnert an den elektrischen Betrieb auf der Furka-Bergstrecke.

Links: Am 30. September 1999 erreichte nach dem Wiederaufbau ein erster, noch inoffizieller, Dampfzug Gletsch. Grund war eine Pressekonferenz der DFB im Hotel Glacier du Rhone, in der die angereisten Medienvertreter umfassend über den Stand der Bauarbeiten und die Feierlichkeiten zur Eröffnung des Streckenabschnittes Furka – Gletsch im Juli 2000 informiert wurden. Im Bild der eingefahrene „Pressezug", den Fernsehen und Fotografen ablichten.
Im Hintergrund der stetig sich zurückziehende Rhonegletscher, der vor 100 Jahren noch bis auf den Talboden reichte.

Rechte Seite: Voller Stolz stellen sich Lokführer, Heizer und Begleitpersonal vor Lok 1 „Furkahorn" den Fotografen. Sie brachten den ersten Dampfzug nach der Streckensanierung nach Gletsch.

Der Rhone entlang nach Brig

Links: Nachdem der Glacier-Express in etwa 15 Minuten den Furka-Basistunnel durchfahren hat, erreicht er bei Oberwald im Kanton Wallis wieder das Tageslicht. Wenn in Zukunft die gesamte Bergstrecke Realp – Furka – Gletsch – Oberwald befahren werden kann, wird ein Nostalgie-Glacier-Express über die klassische Route, am Furka-Gletscher vorbei, den Ort erreichen.

Rechte Seite: Für vielfältige Rangieraufgaben hält sich im Bahnhof Oberwald die Diesellokomotive Gm 4/4 71 bereit. Die nur im Adhäsionsbetrieb fahrende Gelenklokomotive hat ein wechselvolles Schicksal. Gebaut von Jung, Jungenthal, wurde sie 1966 nach Finnland geliefert, wo sie über 10 Jahre bei einem Kalkwerk und einer Holzabfuhrbahn zum Einsatz kam. Die FO kaufte die Lokomotive 1980 und setzte sie beim Ausbau des Basistunnels ein. Seither wird sie im Bauzugdienst auf zahnstangenlosen Streckenabschnitten oder im Rangierdienst eingesetzt.

Erlebnis
Erlebnis
MUSEE CANTONAL DES BEAUX-ARTS
KANTONALES KUNSTMUSEUM
Furka-Oberalp
Gm4/4 71

MÜNSTER
FO Münster
VORSTAND
WARTSAAL
selecta
FO

Linke Seite: Eine Langlaufloipe führt im Winter neben der Bahn durch das Obergoms. In Münster und den anderen Stationen zwischen Ober- und Niederwald sorgt die FO für eine bequeme An- und Abreise der Wintersportler.

Oben: Das Obergoms wird immer wieder von Schneekatastrophen heimgesucht. Zuletzt brachten im Februar 1999 extreme Schneefälle und mehrere Lawinenabgänge den gesamten Straßen- und Schienenverkehr zum Erliegen. Nur noch mit Helikoptern konnten die von der Außenwelt abgeschnittenen Dörfer versorgt werden. Wenige Wochen danach ist der Glacier-Express zwischen Oberwald und Obergesteln unterwegs.

FO

Linke Seite: Von Brig kommender Glacier-Express durchfährt Biel. Die kleine Station ist beliebter Anfangs- oder Endpunkt für Ski-Langläufer. Die Regionalzüge der FO bieten im Stundentakt in beide Richtungen Fahrtmöglichkeiten.

Rechts: An Heustadeln vorbei eilt bei Reckingen ein Regionalzug zum nächsten Halt in Münster.

FO

Linke Seite: Niederwald hat sich in den letzten hundert Jahren nur wenig verändert und zeigt auch heute noch das schöne Ortsbild des Obergoms. Berühmter Sohn des Ortes ist Cäsar Ritz (1850 – 1918), Gründer des Hotelimperiums, der vom englischen Kronprinzen als „Hotelier der Könige, König der Hoteliers" betitelt wurde.

Oben: Glacier-Express unterhalb von Blitzingen. In weiß mit rotem FO-Signet hebt sich die HGe 4/4 II Nr. 106 von den übrigen Lokomotiven der Bauserie ab. Nach der Bewerbung von Sion/Sitten für die Olympischen Winterspiele 2006, wurde die ursprünglich rote Lokomotive weiß gespritzt und mit dem Schriftzug „SION 2006" versehen. Nachdem der Zuschlag für die Spiele jedoch an das italienische Turin ging, wurde die Olympia-Reklame durch das schlichte FO ersetzt.

Oben: Zwischen Fiesch und Lax entstand das Bild mit dem „Alpine-Classic-Pullman-Express", der am 10. 9. 1999 zum ersten Mal auf der Glacier-Express-Gesamtstrecke von St. Moritz zum Matterhorn verkehrte. Von Disentis bis Brig führte eine der historischen FO-Loks den Luxuszug, der aus Gepäckwagen und zwei Pullman-Salonwagen mit dazwischen eingereihtem Speisewagen bestand.

Rechte Seite: Kreuzung von zwei Glacier-Express-Zügen in der Ausweichstation Fürgangen-Bellwald. Der aus Chur kommende Glacier-Express F wartet die Vorbeifahrt des Gegenzuges C Zermatt – Davos ab.

GLACIER EXPRESS
Furka-Oberalp
36
B 4263

FO

Links: Auf dem schönen Rhone-Viadukt bei Grengiols präsentiert sich der Glacier-Express, nachdem er eine Talstufe durch einen 592 m langen Kehrtunnel überwunden hat.

Oben: Glacier-Express auf dem Laxgraben-Viadukt, der in einem engen Bogen die Einmündung des Deischbaches überspannt.

Links: Eingezwängt von Straße und Eisenbahntrasse liegt zwischen Mörel und Bitsch die barokke Wallfahrtskapelle „Zen Hohenflüh".

Rechte Seite: Stadtgemeinde und Bahnhofsanlagen Brig aus der Vogelschau. Der am Schnittpunkt der Verkehrswege Rhonetal und Simplon – Lötschberg gelegene Ort war bereits im Mittelalter Zentrum von Handel und Gewerbe. Für Eisenbahnfreunde ist Brig hochinteressant, treffen doch hier die Strecken von SBB, BLS, FO und Zermatt-Bahn aufeinander. Das Bild zeigt: Unten die Brücken über die Rhone, rechts die BLS-Gitterbrücke, über die gerade ein langer Güterzug Richtung Lötschberg fährt, links davon Straßen- und Fußgängerbrücke, danach die FO-Brücke und wieder eine Straßenbrücke. Auf der rechts unten von Genf/Lausanne herführenden SBB-Strecke eine rangierende Lokomotive. Links von der Bildmitte das Bahnhofsgebäude, das den Normalspurbereich der SBB und BLS vom Schmalspurbereich der FO und BVZ trennt. Rechts oben der 1658 – 1678 erbaute mächtige Stockalper-Palast mit seinen drei Zwiebeltürmen.

Der Schmalspurbereich des Bahnhofs Brig wird von Furka-Oberalp- und Zermatt-Bahn (BVZ) gemeinsam genutzt. Hier wechseln die Glacier-Express-Züge Fahrtrichtung und Lokomotive. Im Bild oben fährt der von Zermatt kommende und mit einer Lokomotive der BVZ bespannte Glacier-Express ein. Auf der rechten Seite derselbe Zug, nachdem am Ende eine Lokomotive der FO angekuppelt hat, die ihn das Rhonetal aufwärts, durch den Furka-Basistunnel und über den Oberalppass nach Disentis befördern wird. Die auf dem Bahnhofsvorplatz liegenden Gleisanlagen und die Streckenführung in Richtung Goms sollen neu gestaltet werden, so dass kein Lokwechsel mehr erforderlich ist.

GLACIER EXPRESS
14

13
9

Durchs Mattertal nach Zermatt

Linke Seite: Seit 1599 überspannt in kühnem Bogen eine Steinbrücke bei der Ortschaft Neubrück die Vispa. Harmonisch fügten die Bahnbauer am rechten Ufer einen Durchlass für die Züge ein. Die Barockkapelle am Brückenaufgang stammt von 1727.

Oben: Durch ein Weinbaugebiet, das bis auf 1200 m Höhe reicht, fährt der Glacier-Express im unteren Teil des Vispertals.

Oben: Über die einen seitlichen Einschnitt des Mattertals überspannende Mühlebachbrücke rollt in flotter Fahrt der Glacier-Express. Seit 1959 ersetzt eine moderne Stahlbetonbrücke die frühere eiserne Fachwerkkonstruktion.

Rechte Seite: Unterhalb der 1777 in neubarockem Stil errichteten Pfarrkirche von Stalden tastet sich der Glacier-Express auf einem Zahnstangenabschnitt nach Ackersand hinab.

Furka-Oberalp
Furka-Oberalp

Links: Unterhalb von St. Niklaus fährt der Glacier-Express auf einem über 2 km langen Zahnstangenabschnitt talwärts.

Rechte Seite: Durch steilen Fels führt die Strecke bei Törbel. Kurz bevor er in einen nur 20 m langen Tunnel eintaucht, überquert der Glacier-Express die beiden Faulkinnbrücken.

Die Bilder dieser beiden Seiten mahnen an Gefahren und Katastrophen, die in den Alpen drohen. Linke Seite: Im Februar 1999 wurde die Strecke unterhalb von Mattsand durch eine gewaltige Lawine unterbrochen. Beide Portalseiten des Blattbachtunnels, der normalerweise die Strecke bei Lawinenabgängen schützt, wurden unter meterhohem Schnee begraben. Das Bild zeigt den Glacier-Express einige Wochen danach auf der geräumten Strecke vor der Einfahrt in das südliche Tunnelportal. Rechts: Glacier-Express am großen Bergsturz, der im Mai 1991 bei Randa die Schienen- und Straßenverbindung nach Zermatt unterbrach. Auf etwa 3 km mußten Straße und Schienenweg völlig neu gebaut werden. Bereits am 5. August konnte der Glacier-Express wieder Zermatt erreichen.

Oben: Glacier-Express am Ortsausgang von Randa. Im Hintergrund die Abbruchstelle des Bergsturzes von 1991.

Rechte Seite: Der Glacier-Express durcheilt den 1400 m hoch gelegenen Ferienort Randa.

60
65

BRIG - VISP - ZERMATT

Linke Seite: Von Zermatt kommend, rollt der Glacier-Express durch die Talebene zwischen Täsch und Randa. Breithorn und Kleines Matterhorn ragen im Hintergrund empor.

Oben: Am späten Nachmittag erreicht der von St. Moritz kommende Glacier-Express Täsch. Nachdem eine letzte Talstufe überwunden ist, wird der Zug wenige Minuten später in Zermatt einfahren.

Links: Zwischen Täsch und Zermatt verläuft die Strecke – geschützt vor Lawinen – häufig in Galerien. Eine der wenigen Stellen mit freiem Blick auf Eisenbahn und Landschaft liegt oberhalb der Ausweichstelle Kalter Boden.

Rechte Seite: Pferdekutschen erwarten in Zermatt am Bahnhof die Gäste der Fünf-Sterne Hotels.

Ticket
SEILER HOTEL MONT CERVIN
100 JAHRE
1898 – 1998

Links: Zermatt und sein Matterhorn. Der schönste und berühmteste Berg Europas erhebt sich über dem von Touristen aus aller Welt besuchten Winter- und Sommerferienort. Über 100 Hotels und Pensionen verschiedener Kategorien laden die Gäste zu erlebnisreichen und erholsamen Urlaubstagen ein.

Rechte und übernächste Seite: Kein Besucher von Zermatt sollte sich die spektakuläre Fahrt mit der Gornergratbahn entgehen lassen. Die Reise mit der Zahnradbahn beginnt gegenüber dem Bahnhof der Zermatt-Bahn, führt zunächst an Hotels und Ferienwohnungen vorbei durch den Ort, und endet nach aussichtsreicher Fahrt auf dem 3134 m hoch gelegenen Gornergrat. Von dort bietet sich bei schönem Wetter eine fantastische Rundsicht auf die Viertausender Monte Rosa, Castor und Pollux, Breithorn, Weisshorn und das alles beherrschende Matterhorn.

HOTEL ADMIRAL

START
Gornergrat
POST
Gornergrat

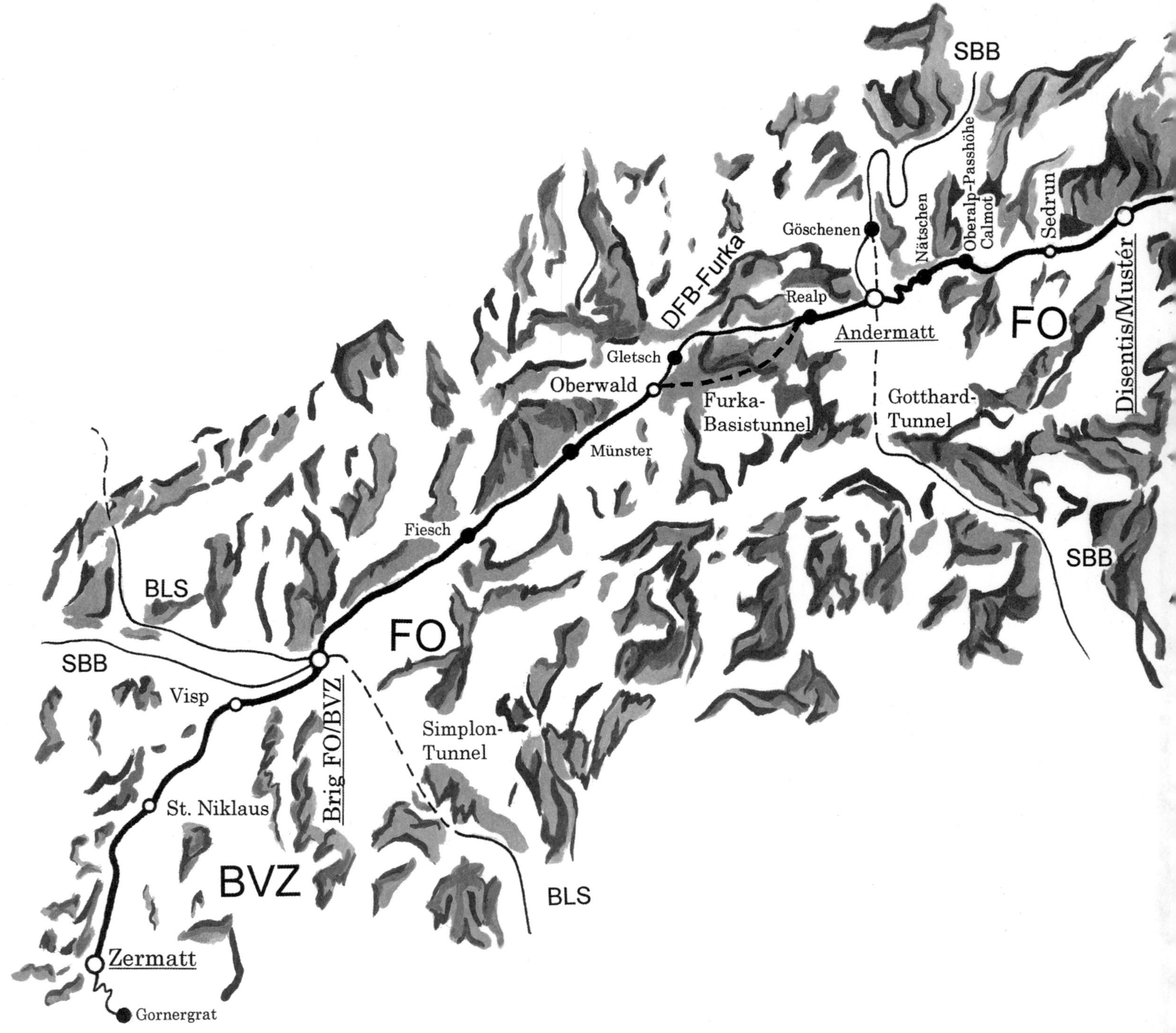
SBB
Göschenen
Nätschen
Oberalp-Passhöhe
Calmot
Sedrun
DFB-Furka
Realp
Andermatt
FO
Disentis/Mustér
Gletsch
Oberwald
Furka-
Basistunnel
Gotthard-
Tunnel
Münster
Fiesch
SBB
BLS
FO
SBB
Visp
Brig FO/BVZ
Simplon-
Tunnel
St. Niklaus
BVZ
BLS
Zermatt
Gornergrat